NOTICE

SUR LES MINES

D'ASPHALTE, BITUME ET LIGNITES

DE LOBSANN.

NOTICE

SUR

LES MINES

D'ASPHALTE, BITUME ET LIGNITES

DE

LOBSANN,

ARRONDISSEMENT DE WEISSEMBOURG (DÉPARTEMENT DU BAS-RHIN).

Par M. le Vᵗᵉ HÉRICART DE THURY,

CONSEILLER D'ÉTAT, MEMBRE DE L'ACADÉMIE ROYALE DES SCIENCES, INSPECTEUR GÉNÉRAL
DES MINES, ETC., ETC., ETC.

PARIS,

IMPRIMERIE DE FIRMIN DIDOT FRÈRES,
RUE JACOB, 56.

—

1838.

AVANT-PROPOS.

MM. Dournay frères, concessionnaires exploitants des mines d'asphalte, bitume et lignites bitumineux de Lobsann, arrondissement de Weissembourg, département du Bas-Rhin, distingués aux expositions de 1823, 1827 et 1834, où ils ont obtenu du Jury central et de la Société d'encouragement, diverses médailles d'argent et de bronze, s'étaient, jusqu'à ce jour, bornés à exploiter leur mine en pères de famille, et à répandre les produits de leur fabrication sur les bords du Rhin et dans nos départements de l'Est.

Des découvertes importantes faites récemment dans l'étendue de leurs concessions (ces concessions sont de 59 kilom. 72 hect. 11 ares), et l'essor rapide que l'industrie des bitumes a pris dans ces derniers temps par leur emploi dans les travaux publics et les constructions civiles ou particulières, ont déterminé MM. Dournay à former une association forte et puissante, pour donner à leur exploitation et à leur fabrication toute l'extension dont la mine de Lobsann est susceptible.

La notice que nous publions est destinée à bien faire connaître cette mine, sa situation, son gisement, la variété de ses minerais, leur abondance, leur richesse, leurs divers produits, leur fabrication, leur emploi et toutes les ressources dont la nature a favorisé la belle et importante entreprise formée par MM. Dournay, en lui assurant un avenir immense et l'avenir le plus brillant.

Cette notice est divisée en sept paragraphes.

Le premier présente un précis géologique sur la constitution physique du pays de Lobsann et de l'extrémité septentrionale de la chaîne des Vosges, entre Bitche, Weissembourg, Lauterbourg et Haguenau.

Le second est consacré à la description minéralogique et détaillée de la mine d'asphalte, bitume et lignites de Lobsann.

Dans le troisième nous décrivons rapide-
ment les travaux d'exploitation des minerais
asphaltiques, bitumineux et lignites ;

Dans le quatrième, l'établissement et la
fabrique de Lobsann.

Dans le cinquième paragraphe nous don-
nons la fabrication des divers produits asphaltiques et bitumineux ; ainsi, le malthe ou
goudron minéral, et le mastic ou bitume asphaltique dans ses divers états.

Le sixième expose le succès de l'exploitation et des produits de la mine de Lobsann,
les témoignages de la satisfaction des autori-
tés civiles et militaires, et les honorables dis-
tinctions, médailles de bronze et d'argent
accordées, soit par le Jury central des expositions, soit par la Société d'encouragement,
à MM. Dournay frères.

Le septième paragraphe fait connaître la
formation par MM. Dournay frères d'une
grande et puissante société en commandite,
pour donner à l'exploitation de la mine de
Lobsann toute l'extension dont elle est susceptible.

Enfin , cette notice est terminée par un résumé succinct de tous les avantages que la nature a réunis pour assurer le succès de l'exploitation de la mine de Lobsann.

OBSERVATIONS.

D'après les détails dans lesquels nous sommes entré sur la géologie du pays de Lobsann, et dans la description minéralogique de cette mine, nous nous flattons que cette notice ne sera pas considérée comme un prospectus destiné à former une spéculation et des opérations de bourse.

En effet, l'association est aujourd'hui entièrement constituée. Elle s'est formée sur la considération dont MM. Dournay jouissent généralement, et sur la réputation bien établie de leur mine, de sa richesse et de la supériorité des produits de leur fabrication.

Cette notice n'a donc été rédigée que pour faire connaître à tous les sociétaires de Lobsann le véritable état de cette mine, et le brillant avenir qu'elle leur assure. Au reste, nous ne pouvons mieux faire que de leur indiquer les sources dans lesquelles nous avons nous-même puisé pour nous éclairer, avant d'aller visiter et de décrire la mine de Lobsann, ou pour vérifier les observations que nous y avons recueillies.

AUTEURS A CONSULTER :

1° Journal et Annales des mines;

2° Bulletin de la Société géologique de France;

3° Dictionnaire des sciences naturelles;

4° Essai d'une minéralogie économique et technique des départements du Haut et Bas-Rhin, par J. P. Grafenauer, docteur-médecin. Strasbourg, in-8°, 1806;

5° Géognosie et minéralogie des deux départements du Rhin, par M. Voltz, ingénieur des mines, publiées par J. F. Aufschlager. In-8°, Strasbourg, 1828;

6° Observations géologiques sur quelques terrains secondaires du système des Vosges, par L. Élie de Beaumont, ingénieur en chef des mines, membre de l'Académie royale des sciences. In-8°, Paris, 1828;

7° Mémoire géologique sur le terrain diluvien de la vallée du Rhin, par M. Rozet, lieutenant au Corps royal des ingénieurs géographes, lu à l'Académie des sciences le 21 mars 1830;

8° Mémoire sur les bitumes, leur exploitation et leur emploi utile, publié à l'occasion d'un rapport fait à la Société d'encouragement, par Payen, au nom des trois comités réunis des arts chimiques, économiques et d'agriculture, sur les produits bitumineux des mines de Lobsann. Paris, in-8°, 1824.

PARAGRAPHE PREMIER.

PRÉCIS GÉOLOGIQUE SUR LA CONSTITU-TION PHYSIQUE DU PAYS DE LOBSANN.

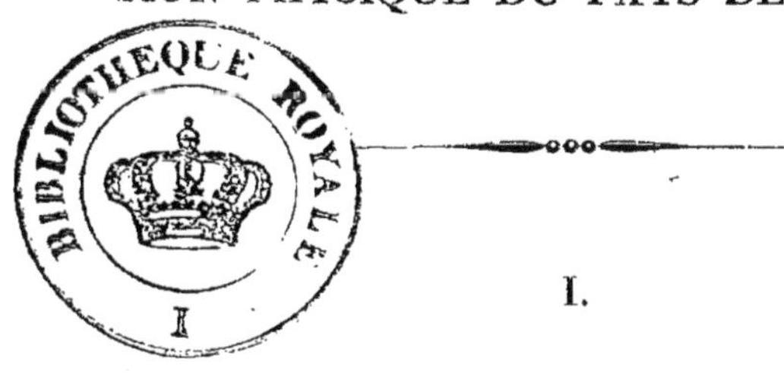

I.

Granites, Porphyres, Siénites.

1. L'extrémité septentrionale de la chaîne des Vosges, dans le Bas-Rhin, entre Bitche et Weissembourg, aux environs de la mine d'asphalte de Lobsann, est composée au centre de ses montagnes de roches granitiques, porphyriques et siénitiques. (*Planche 1ʳᵉ, Carte de l'arrondissement de Weissembourg.*)

2. Ces roches se montrent au jour sur quelques points, dans les vallées ou gorges escarpées qui présentent l'intérieur de ces montagnes à décou-

vert. (*Voyez le profil ou la coupe géologique de la chaîne des Vosges, Pl. II.*)

3. Au-dessous des ruines du vieux château de Winstein-Alt, dans le fond de la gorge des fourneaux et forges de Jægerthal, par exemple (*voyez le profil*), on voit pointer à travers les grès des Vosges un surgisement de roches granitoïdes et de siénites qui, dans leur soulèvement, ont redressé et renversé les couches du grès vosgien.

4. Ces roches se présentent également de l'autre côté de la montagne, au nord, dans les vallées de Fitschbach et de la Lauter, dans la direction du sud-ouest au nord-est, en se portant vers Landau.

II.

Grès vosgien.

5. Le grès vosgien est composé presque uniquement de grains de quartz. Il renferme souvent des galets de quartz blancs, gris, jaunes, rouges, et passe à l'état de poudingue. Il recouvre presque généralement les roches granitiques, et s'élève communément jusqu'à la cime des plus

hautes montagnes de cette partie de la chaîne des Vosges.

6. Dans sa superposition sur les granites, le grès vosgien se présente à l'état d'arkose, et, par un passage insensible, il établit la transmission du granite au grès; souvent dans cet état il a les caractères des grès rouges.

7. Dans quelques endroits on trouve, à la superposition du grès sur le granite, entre les deux roches, une bande de dolomie qui contient des grains de quartz et de feldspath.

III.

Grès bigarré.

8. Le grès vosgien, dans sa partie supérieure, passe également, peu à peu, ou insensiblement, à l'état du grès bigarré, dont il ne diffère que parce qu'il est plus fin et plus argileux. Dans cet état, le grès bigarré ressemble souvent à une argile sableuse, micacée, sans consistance, plutôt qu'à un grès.

9. Le caractère essentiel de ce grès est la présence des débris de végétaux et de fossiles marins,

quelquefois très-abondants, tandis qu'on n'en
trouve jamais dans le grès vosgien.

10. Le grès bigarré manque souvent entièrement dans cette partie de la chaîne des Vosges.

11. Lorsque ce grès manque, le grès vosgien
forme assez fréquemment des escarpements ou
espèces de falaises plus ou moins hautes.

IV.

Calcàire compacte, Muschelkalk.

12. Un calcaire gris compacte, muschelkalk,
succède immédiatement au grès vosgien, quand
le grès bigarré manque; mais alors les couches
inférieures de ce calcaire, les plus voisines de la
superposition, sont brisées, rompues et accidentées comme si elles avaient éprouvé un subit
affaissement à la suite d'une violente secousse
produite par une faille ou par toute autre cause.

13. Le calcaire muschelkalk, qui recouvre communément le grès bigarré ou les sables argileux,
lorsque ceux-ci remplacent le grès, est plus ou
moins compacte, esquilleux, gris, brun, enfumé.
Il renferme beaucoup de fossiles marins.

14. Lorsque ce calcaire repose sur le grès bi-

(15)

garré dans le voisinage des roches granitoïdes, il passe à l'état de dolomie d'un gris jaunâtre, qui est elle-même quelquefois remplacée par des bancs irréguliers de silex.

V.

Marnes irisées du keuper.

15. Des marnes keupériques grises, rouges, jaunes, vertes, en couches horizontales et souvent inclinées, alternent avec des calcaires très-fins plus ou moins argileux.

16. Ces marnes recouvrent généralement le muschelkalk, et contiennent une grande quantité de pétrifications marines.

17. Elles sont souvent salifères, quelquefois bitumineuses, et parfois l'une et l'autre, ainsi que l'a prouvé le sondage fait près des sources salines de Sultz-sous-Forêts, sondage dans lequel on a trouvé, à plus de vingt mètres de profondeur, des couches argilo-bitumineuses alternant avec des marnes sableuses salifères.

18. Ces marnes contiennent assez fréquemment de la chaux sulfatée, tantôt cristallisée et tantôt en masses irrégulières.

VI.

Terrain tertiaire de grès molasse, calcaire asphaltique et sables bitumineux.

19. Sur les marnes du keuper est un terrain de formation tertiaire, composé : 1° de grès marneux ou argileux, ou grès molasse gris ; 2° de sables gras marneux ou argileux, contenant des coquilles terrestres et fluviatiles, et souvent remplacés par des couches irrégulières de galets ou de poudingues (*Nagefluhs*); 3° de marnes argilo-calcaires plus ou moins sableuses ; 4° de grès argileux ou plutôt sables silicéo-argileux bitumineux, agglutinés par du malthe ou pétrole; 5° de marnes argilo-calcaires, quelquefois graveleuses et bitumineuses, à coquilles fossiles, terrestres et fluviatiles; 6° de lignites en couches plus ou moins épaisses, et souvent très-bitumineux, contenant du succin ; 7° de marnes calcaires asphaltiques, en couches grises, brunes et noirâtres, quelquefois pyriteuses et aluminifères, renfermant de nombreux débris de végétaux avec des coquilles lacustres.

20. C'est à cette formation que se rapporte la

mine d'asphalte de Lobsann, dont nous allons donner la description (1).

21. Les grès et les calcaires de la formation tertiaire asphaltique et bitumineuse sont recouverts : 1° par des argiles et marnes marines ; 2° par des minerais de fer oxydé hydraté, quelquefois géodique et quelquefois en fragments anguleux de fer oxydé compacte, jaune, rouge, brun et noir ; et 3° par des couches irrégulières d'argiles et de sables caillouteux, qui forment le sol et le sous-sol de la vallée du Rhin, et vont insensiblement se confondre avec le terrain de diluvium et les alluvions modernes de ce fleuve.

VII.

Terrain diluvien.

22. La haute plaine de cette belle vallée offre un terrain diluvien composé de couches horizontales de sable et d'argile qui recouvrent un grand

---

(1) La découverte de ces terrains bitumineux du pays de Lobsann est déjà ancienne : elle date, dit-on, du commencement du siècle dernier. On l'attribue à un médecin grec appelé Eryn d'Erynnis, qui mourut ignoré au moulin de Merkwiller près de Sultz, et qui avait beaucoup de connaissances en chimie et minéralogie. C'est lui qui découvrit la source du Pechel-Brunnen, source de la Paix, dont il employait avec succès le bitume dans ses compositions et préparations pharmaceutiques.

amas de graviers ou de galets de toutes grosseurs, de quartz, de granite, porphyre, micaschistes, etc.

23. Ces galets sont quelquefois agglutinés par un ciment silicéo-calcaire, et passent alors à l'état de poudingues disposés en couches ou plaquettes irrégulières.

24. Ce diluvium, qui renferme des ossements d'éléphants bien conservés, est dans quelques endroits recouvert par des marnes jaunes argilo-calcaires de formation postérieure, appelées *Lehms* ou *Loes*, remplies de coquilles terrestres et fluviatiles.

VIII.

Alluvions du Rhin.

25. Enfin les alluvions de la plaine basse de la vallée du Rhin, dont la hauteur est d'environ deux à trois mètres au-dessus des eaux moyennes de ce fleuve, forment un dépôt horizontal quelquefois sableux, souvent limoneux, et parfois tourbeux ou marneux, et qui contient, au milieu de nombreux débris de bois fossiles dicotylédones, des ossements d'animaux des espèces actuellement vivantes, avec des coquilles terrestres et fluviatiles.

§ II.

DESCRIPTION DE LA MINE D'ASPHALTE, BITUME ET LIGNITES DE LOBSANN.

26. La mine d'asphalte de Lobsann, ainsi qu'on vient de le voir (20), appartient à la grande formation tertiaire qui recouvre, dans le pays de Sultz, Weissembourg et Niederbronn, les marnes keupériques, le calcaire muschelkalk et les grès anciens de l'étage inférieur des Vosges. *Voy. pl. II.*

27. La découverte de cette mine remonte à l'année 1787. Elle est due à un berger de Lobsann qui l'indiqua à M. Rosentritt, directeur de la saline de Sultz, comme l'affleurement d'une mine de charbon de terre.

28. Dans l'espoir de pouvoir l'employer au chauffage des chaudières de concentration des eaux salées de cette saline, M. Rosentritt fit faire quelques travaux sur l'affleurement indiqué, et bientôt il reconnut le calcaire asphaltique, le malthe et le pétrole ou goudron minéral qui se trouvent dans le toit et le mur de la couche de lignites, qu'il em-

2.

ploya pendant quelque temps avec succès pour le chauffage de la saline de Sultz.

29. Les guerres et les malheurs de la révolution firent cesser les travaux de cette mine. Longtemps suspendus, ils furent repris par suite du décret impérial donné au palais des Tuileries le 20 novembre 1809, et dont suit la teneur :

30. *Extrait des minutes de la secrétairerie d'État.*

« Au palais des Tuileries, le 20 novembre 1809.

« Napoléon , empereur des Français et roi d'I-
« talie.

« Sur le rapport de notre ministre de l'intérieur,
« notre conseil d'État entendu, nous avons dé-
« crété et décrétons ce qui suit :

ARTICLE PREMIER.

« Il est fait concession pour cinquante années,
« au sieur George-Chrétien-Henri Rosentritt, du
« droit d'exploiter les mines de houille, de pétrole
« et de malthe, près Lobsann, arrondissement de
« Weissembourg, département du Bas-Rhin, dans
« une étendue de surface de quarante-sept kilomè-
« tres carrés, quatre-vingt-seize hectares cin-
« quante ares.

Art. 2.

« Cette concession est limitée, conformément
« au plan annexé au présent décret, ainsi qu'il
« suit, savoir : au sud, par les limites de la con-
« cession des héritiers Lebel, depuis leur section
« avec la vieille route de Sultz à Weissembourg,
« au-dessous de Birlenbach, en ligne droite jus-
« qu'au point d'intersection sur la rivière de
« Fitschbach, dans la direction de Birlenbach
« à Matsthal ; de ce point le cours de la rivière
« de Fitschbach jusqu'à sa rencontre au-dessous
« de Lembach avec la route de Weissembourg à
« Bitche, cette même route jusqu'à sa réunion
« avec la nouvelle, de Sultz à Weissembourg ; et
« à l'est, portion de cette route jusqu'à sa ren-
« contre avec la vieille route de Sultz à Weissem-
« bourg, et cette vieille route suivant la ligne ti-
« rée de Birlenbach à Hundsbach.

Art. 3.

« Le concessionnaire sera tenu de suivre un
« plan régulier d'exploitation, et de se conformer
« aux lois et règlements existants ou à intervenir
« sur l'exploitation des mines, ainsi qu'aux ins-

« tructions qui lui seront données par l'adminis-
« tration des mines.

ART. 4.

« Il sera tenu d'adresser tous les trois mois à
« cette administration, des états de produits de
« son extraction : ces états indiqueront, en outre,
« la profondeur à laquelle l'extraction aura lieu et
« la quantité d'ouvriers employés.

ART. 5.

« Il remettra aussi à l'administration des mines
« un plan général, avec les coupes nécessaires, dé-
« signant l'état actuel de son exploitation, et il
« adressera par la suite, tous les ans, le plan et
« la coupe des travaux d'exploitation exécutés
« pendant l'année.

ART. 6.

« Il payera provisoirement et annuellement au
« profit de l'État, à titre de redevance, le qua-
« rantième de la houille extraite, et le soixante-
« dixième du pétrole et du malthe. Il aura, à cet
« effet, un registre régulier de l'extraction et de
« la vente, qu'il sera tenu de représenter au per-
« cepteur de l'arrondissement, à sa réquisition ;

« elle ne sera exigible qu'un an après la date du
« présent décret.

ART. 7.

« Il y aura lieu à déchéance pour les causes
« prévues par la loi du 28 juillet 1791, et pour
« inexécution des art. 3, 4, 5 et 6 du présent
« décret.

ART. 8.

« Nos ministres de l'intérieur et des finances
« sont chargés, chacun en ce qui le concerne,
« de l'exécution du présent décret, qui sera inséré
« au Bulletin des lois.

« *Signé :* NAPOLÉON.

« Par l'Empereur,

« *Le ministre secrétaire d'État*,

« *Signé :* HUGUES-B. MARET,
« duc de Bassano. »

« *Pour ampliation, le ministre de l'intérieur*,

« *Signé :* MONTALIVET. »

31.. Ces lignites furent alors exploités par puits et galeries avec le plus grand succès, et pendant plusieurs années l'extraction s'éleva même souvent à près de 100,000 myriagrammes, dont la majeure partie était consommée par la saline de Sultz.

32. Dans son exploitation de lignites, M. Rosentritt reconnut du sulfate de fer natif très-pur et d'un beau vert, dans les marnes argilo-calcaires du toit de cette mine, qui contiennent une très-grande quantité de sulfure de fer, souvent en décomposition. Il pensa qu'il pourrait retirer de ces marnes des sulfates de fer et d'alumine ; il en demanda la concession.

33. Une ordonnance royale du 31 octobre 1815, dont suit la teneur, lui accorda, en effet, la concession de ces mines et minerais.

34. « Conseil d'État.

« Louis, par la grâce de Dieu, roi de France et « de Navarre.

« Sur le rapport de notre ministre secrétaire « d'État de l'intérieur ;

« Vu, avec les pièces jointes à l'arrêté du préfet « du département du Bas-Rhin, du 28 avril 1813, « sur la demande du sieur Rosentritt et Comp^{ie},

« en concession des mines de houille de Lob-
« sann, et celle des minerais de soufre, de vitriol
« vert et alun, qui peuvent se trouver dans l'éten-
« due de ladite houillère,

« Les plans différents de ladite concession pro-
« duits en triple expédition par les demandeurs et
« par la Compagnie des salines de l'Est, opposante
« à cette demande;

« Le décret du 15 avril 1806, sur le bail des
« salines de l'Est, au nombre desquelles se trouve
« celle de Sultz, à proximité de la houillère de
« Lobsann, dont l'exploitation fournit à ses be-
« soins, etc., etc.;

« Tous les mémoires et pièces à l'appui;

« Vu enfin la délibération du conseil général
« des mines du 22 septembre dernier, et l'avis
« du conseiller d'État directeur général des
« mines;

« Notre conseil d'État entendu :

« Nous avons arrêté et arrêtons ce qui suit :

ARTICLE PREMIER.

« Il est fait concession au sieur Rosentritt
« et Comp^{ie}, du droit d'exploiter la mine de
« houille de Lobsann, canton de Sultz, arron-

« dissement de Weissembourg, département du
« Bas-Rhin, et les minerais de soufre, de vitriol
« et d'alun qui peuvent se trouver dans l'étendue
« de ladite houillère, sur une étendue de surface
« de onze kilomètres carrés, soixante-quinze hec-
« tares soixante et un ares.

ART. 2.

« Les limites de cette concession sont, confor-
« mément au plan ci-après, au nord-est, à partir
« du clocher de Birlenbach, une ligne droite tirée
« de ce clocher à celui de Retschwiller; de là au sud-
« ouest, une ligne droite tirée au clocher de Lam-
« bertsloch, puis, tournant au nord-ouest, une li-
« gne droite menée de ce dernier clocher au point
« central de la carrière appelée Carrière de Lob-
« sann, située dans la forêt communale dite Kirch-
« spiel de Sultz, en prolongeant cette ligne au delà
« de cette carrière, jusqu'à la rencontre de la ligne
« droite tirée du clocher de Birlenbach à celui de
« Mattsthal; enfin, revenant au nord-est, cette der-
« nière ligne qui sert de limite à la concession de
« houille et bitume accordée, le 20 novembre 1809,
« au sieur Rosentritt, depuis le point d'intersec-
« tion qui vient d'être déterminé, jusqu'au clo-
« cher de Birlenbach, point de départ.

« Les quatre lignes qui servent de limites à cette
« concession, seront marquées par des pierres-
« bornes, aux frais du concessionnaire.

Art. 3.

« Cette concession est accordée, à la charge par le
« concessionnaire de fournir, tant sur le produit de
« la concession à lui accordée le 20 novembre 1809,
« que sur le produit de la présente, à l'administration
« des salines de l'Est, ou à ses ayants cause, toute
« la houille nécessaire à la consommation de la sa-
« line de Sultz (1), au prix de l'extraction ; lequel prix
« sera réglé tous les ans par le préfet, sur un rap-
« port d'experts, si mieux n'aiment les intéressés
« le régler de gré à gré. L'un des experts sera
« choisi par la Compagnie de l'Est, le second par
« les concessionnaires, et le troisième par le préfet.

Art. 4.

« Le concessionnaire sera tenu de payer, selon
« son offre, à tous les propriétaires de la surface
« comprise entre les limites désignées ci-dessus,
« une redevance de vingt-cinq centimes par hec-
« tare.

---

(1) Cette saline est aujourd'hui abandonnée.

Art. 5.

« Le concessionnaire sera pareillement tenu
« d'exploiter conformément aux règles de l'art;
« de se conformer aux lois et règlements interve-
« nus ou à intervenir sur le fait des mines, spé-
« cialement pour ce qui concerne le payement des
« redevances légales, tant fixe que proportion-
« nelle; de suivre le plan général d'exploitation,
« arrêté par le conseil général des mines, et de se
« conformer au cahier des charges dressé par l'in-
« génieur en chef, avec les modifications indiquées
« par ledit conseil, le tout approuvé par notre
« ministre secrétaire d'État de l'intérieur.

Art. 6.

« Il n'est aucunement préjudicié par le présent
« acte de concession, à l'effet des transactions an-
« térieures passées par les concessionnaires, tant
« entre eux qu'avec des tiers.

Art. 7.

« Nos ministres secrétaires d'État aux départe-
« ments de l'intérieur et des finances sont chargés

« de l'exécution de la présente ordonnance, qui
« sera insérée au Bulletin des lois.

« Donné au château des Tuileries le trente oc-
« tobre de l'an de grâce 1815, et de notre règne
« le 21ᵉ.

« Signé : Louis. »

« Par le Roi,

« Le ministre secrétaire d'État de l'Intérieur,

« Signé : Vaublanc. »

35. Par suite de diverses circonstances et vicis-
situdes, l'exploitation de ces mines et usines, après
avoir langui pendant quelque temps, fut sur le
point de cesser, et même d'être abandonnée.

36. MM. Dournay frères, suivant jugement
d'adjudication par suite d'expropriation forcée,
rendu en date du 15 février 1820, par le tribu-
nal civil de première instance de Weissembourg,
firent l'acquisition de ces mines. Leur concession
actuelle se compose :

	Kil.	Hec.	Ar.
1º De celle du 20 novembre 1809, comprenant	47.	96.	5o.
Et 2º de celle du 3o octobre 1815, de	11.	75.	61.
Au total de	59.	72.	11.

37. Devenus propriétaires incommutables de ces mines, MM. Dournay y créèrent une nouvelle industrie, la fabrication des produits et mastics bitumineux avec les calcaires asphaltiques, malthe et pétrole des sables et grès bitumineux ; de manière que ces substances, qui jusqu'alors avaient été regardées comme de peu de valeur, peu importantes, et ne pouvoir former qu'une fabrication accessoire ou accidentelle, sont au contraire aujourd'hui la principale branche d'industrie de la mine d'asphalte, de malthe et de pétrole, la mine la plus abondante et la plus riche de France, rapport sous lequel nous allons l'examiner.

38. On vient de voir (19) que le calcaire asphaltique et les grès ou sables bitumineux exploités aujourd'hui comme mine d'asphalte à Lobsann, faisaient partie de la grande formation tertiaire de l'étage inférieur des Vosges, reposant sur les marnes argilo-calcaires et argileuses, bitumineuses et salifères du keuper (15), qui recouvrent elles-mêmes le calcaire de muschelkalk (12), les grès bigarrés (8), et le grès ancien ou vosgien (5). (*Voy. pl. III. Coupe géologique de la mine d'asphalte, bitume et lignites de Lobsann.*)

39. Cette mine est dans la forêt communale de Lobsann, au pied de l'escarpement de la grande

falaise qui forme les grès anciens sur la rive gauche de la vallée du Rhin.

40. Le sol ou le recouvrement de la mine est argileux et ferrugineux. Son épaisseur varie entre 3, 4, 5, 6, 8, et 10 mètres, suivant les déclivités de la surface. Il est composé : 1° de terre végétale, argile sableuse; 2° d'argiles grises, brunes et noirâtres, dans lesquelles est un banc de sable, graviers et cailloux, contenant une nappe d'eau d'infiltration qui alimente les sources du pays; 3° une argile compacte, grise et bleue, avec des pyrites, sulfures de fer, et des petits cristaux de gypse de chaux sulfatée; 4° des marnes argileuses coupées par un banc de sable ou gravier, dans lequel est une seconde nappe d'eau; 5° des argiles marneuses et souvent pyriteuses, avec quelques petits cristaux de gypse; 6° une couche irrégulière de fer oxydé hydraté limoneux, souvent géodique et plus souvent fragmentaire, avec oxyde jaune, rouge, brun et noir, provenant évidemment de la décomposition d'une masse de sulfure de fer. Ces minerais de fer sont exploités pour les forges de Niederbronn; 7° des marnes grises, argiles, avec sables et graviers dans la partie inférieure, où se trouve une troisième nappe d'eau.

41. Sous ces argiles est la mine, que nous divi-
serons en deux étages distincts, savoir : le premier,
de la mine asphaltique proprement dite, dont la
puissance varie entre 8, 10 et 12 mètres et au
delà, y compris les bancs de lignites.

42. Cette mine se compose : 1° d'un banc de
calcaire brun asphaltique, de 2 à 3 et 4 mètres,
marne lacustre, stratifiée et pénétrée d'asphalte,
qui s'y trouve dans la proportion de 12 à 15 pour
cent environ ;

2° D'un calcaire gris, marneux, lacustre, asphaltique, de 3 à 4 mètres, par couches plus ou
moins épaisses et plus ou moins riches en asphalte,
donnant communément de 8 à 10 pour cent ;

3° D'un calcaire marneux, pyriteux, noirâtre,
fétide ;

4° D'un banc de lignites dont l'épaisseur varie
entre 2, 3, 4 et 6 mètres, et qui sont séparés par
quelques bandes calcaires bitumineuses, mais dont
la moyenne est de 2 mètres ;

Et 5° d'un banc de calcaire bitumineux, gris,
graveleux ou sableux, sous lequel est une quatrième nappe d'eau, qui forme, dans les déclivités du sol, des sources abondantes, sur lesquelles on trouve souvent de larges miroirs de naphte.

43. Le second étage de la mine, de 6, 8 et 10

mètres de puissance, comprend les sables argileux et grès molasses bitumineux. Il est composé :

1° d'un banc d'argiles marno-bitumineuses, lacustres, de 1 mètre; il est mélangé de pyrites plus ou moins abondantes;

2° Des sables argilo-marneux bitumineux d'un mètre, dans lesquels est une cinquième nappe d'eau;

3° Des grès molasses argilo-sableux, ou sables argileux bitumineux, de 2 à 3 mètres;

4° Des couches de bitume sableux, souvent pures et presque sans mélange, d'un mètre;

5° Des grès argilo-bitumineux, de deux à trois mètres;

Et 6 d'une couche de graviers, souvent à l'état de poudingue siliceux, parfois imprégnée de bitume, et recélant une sixième nappe d'eau qui forme des sources abondantes, donnant en été, à la surface de l'eau, du naphte et quelquefois du pétrole.

EXPLOITATION DES ROCHES ASPHALTIQUES.

44. Le premier étage présente deux exploitations distinctes : 1° celle du calcaire ou de la roche asphaltique; et 2° celle des lignites. Ces deux exploitations sont indépendantes l'une de l'autre,

d'après la position respective des couches dont elles sont le motif.

45. La puissance de l'épaisseur de la roche as-phaltique varie de 2 à 3 et 4 mètres; elle se con-fond quelquefois peu à peu, et par l'effet d'un passage insensible, avec la couche inférieure, ou celle-ci avec elle; et dans ce cas, le bitume y est tellement mélangé dans l'une et l'autre, qu'il est difficile de distinguer celle des deux qui s'est con-fondue avec l'autre.

46. Cette roche offre un vaste champ d'exploi-tation dont il est impossible de fixer ou de déter-miner la durée, quelles que puissent être d'ail-leurs l'activité et l'extension de l'exploitation.

EXPLOITATION DES LIGNITES.

47. Sous la roche asphaltique est une première bande de lignites peu régulière, et au-dessous un calcaire marneux fétide, gris ou brun, également asphaltique, qui recouvre le grand banc de ligni-tes formant la partie inférieure du premier étage de la mine. Ce banc est composé de nombreux strates de lignites séparés par d'autres strates cal-caires asphaltiques qui se perdent dans la masse.

48. Quelquefois la masse est traversée par des

coupures, des fentes et des failles, aux abords desquelles les couches sont accidentées. On en distingue quatre principales, savoir : celle du ruisseau et les trois de la montagne. La faille du ruisseau et les deux premières de la montagne transposent les couches de lignites, en les soulevant au nord-ouest, tandis que la troisième faille de la montagne fait au contraire plonger les couches de ce côté, tout en maintenant cependant leur parallélisme d'une manière régulière et constante.

49. Les failles, ainsi que les fentes et les coupures, ont généralement toutes la même direction ; elles sont parallèles à la ligne de soulèvement de la chaîne du grès vosgien du Liebfrauenberg, c'est-à-dire, du sud-ouest au nord-est.

5o. Les lignites qui furent primitivement le principal motif de l'exploitation, du temps de M. Rosentritt, ne sont plus, pour ainsi dire, aujourd'hui qu'une branche accessoire de l'entreprise de Lobsann, quoique de fait ils soient cependant encore d'une grande importance pour la compagnie, puisqu'ils lui épargnent des frais de combustible qui seraient très-dispendieux s'il fallait employer du bois ou de la houille étrangère pour la fabrication des produits et mastics bitumineux asphaltiques : quatre cents kilogrammes de ces lignites équivalent à un stère de bois de pin ou cent kilogrammes de houille

51. On trouve assez fréquemment dans ces lignites des morceaux de succin plus ou moins purs, et de nombreux débris de végétaux, tantôt à l'état bitumineux, tantôt à l'état charbonneux, parmi lesquels on distingue, dans les débris de monocotylédones, des fibres d'une plante analogue aux palmiers, et parmi les dicotylédones, diverses empreintes plus ou moins bien caractérisées, avec des tiges et des fructifications de chara.

52. Sous le banc de lignites est une couche de marnes argileuses, quelquefois graveleuses, aquifères et bitumineuses.

EXPLOITATION DES SABLES ET GRÈS BITUMINEUX.

53. Le second étage de la mine comprend les sables argileux et grès bitumineux, ou les minerais bitumineux proprement dits. La mine de bitume est composée : 1° d'une couche argilo-sableuse bleue ou grisâtre, de 1 mètre, entrecoupée de filets calcaires fétides et de plaquettes de grès; 2° de sables argilo-bitumineux de 1 mètre; 3° de sables gris bitumineux avec nappe d'eau; 4° de bitume sableux, souvent très-pur et sans mélange, de 1 mètre; 5° de grès argilo-bitumineux de 2 mè-

lres , et 6° de graviers et poudingues bitumineux.

54. La séparation de ces différentes couches n'est pas exactement nette et bien tranchée; souvent même elle est insensible, et les sables, les grès bitumineux et les argiles passent alternativement et par fusion progressive de l'un à l'autre état. Le grès est quelquefois pur, blanc et cristallin, mais le plus souvent il est argileux et passe au grès molasse gris ou noir, suivant sa richesse en bitume. Lorsqu'il est très-riche en bitume, il perd sa dureté, sa consistance, et se résout en sable gras, nom sous lequel on désigne ce minerai. C'est surtout après l'extraction, au jour et sous l'influence de l'atmosphère, que cette résolution est plus sensible et s'effectue plus promptement.

55. La puissance du gîte bitumineux, ou des sables et grès bitumineux, varie depuis $0^m,30^c$ jusqu'à 2 mètres et au delà. Lorsqu'il acquiert son maximum de puissance, la partie la plus riche est vers le milieu; souvent le bitume pur coule entre les graviers et cailloux de la partie inférieure. En général, la puissance moyenne est de 1 mètre 30 à 1 mètre 50.

56. Un fait assez remarquable que présentent les couches bitumineuses, est leur fréquent ren-

flement, qui va quelquefois jusqu'à 4 et 5 mètres, et même au delà. Ces renflements donnent constamment des minerais riches et de très-bonne qualité.

§ III.

MODE D'EXPLOITATION

DES MINERAIS ASPHALTIQUES, BITUME ET LIGNITES DE LOBSANN.

57. L'exploitation des roches asphaltiques, lignites et bitume, se fait au moyen de puits, galeries et tailles ou chambres, en *avançant* ou *en revenant et battant en retraite*, suivant la disposition des lieux; cependant la pente ou la déclivité générale du sol permettra de faire des travaux à ciel ouvert dans beaucoup d'endroits, où de nombreux affleurements se rencontrent à la surface de la terre.

58. Les galeries d'aérage et de pendage ne sont pas boisées. Le roc est assez dur pour résister à la pression des terres. Dans les tailles ou chambres d'extraction, on fait des piliers avec le roc asphaltique le moins riche, et l'on place, en

outre, de temps à autre, quelques étançons de chêne.

59. L'exploitation du sable bitumineux se fait par la méthode des *tailles en échelbans, par remblai*, l'extraction par galeries boisées, au moyen de cadres de mines en chêne, séparés entre eux à une distance d'un mètre environ, pour le soutenement des palplanches de boisage qui forment le revêtement sur les parois et le toit des galeries.

60. Une grande galerie d'écoulement soutire toutes les eaux de la mine, et, suivant l'extension des travaux, il en sera percé successivement d'autres sur les différents points où sera portée l'extraction.

§ IV.

ÉTABLISSEMENT ET FABRIQUE DE LOBSANN.

61. L'établissement ou la fabrique de Lobsann se compose de plusieurs grands corps de bâtiments, contenant 1° les logements; 2° les ateliers de la fabrication des produits asphaltiques et bitumineux; 3° un moulin dont la roue met en mou-

vement les meules qui broient et pulvérisent le calcaire bitumineux. D'après la chute et le volume d'eau du ruisseau de Lobsann, il sera facile d'établir à peu de frais, les uns au-dessous des autres, plusieurs moulins broyeurs ou bocards pulvérisateurs, et même d'en placer au-dessous des galeries d'écoulement, ces galeries ayant la hauteur convenable et pouvant servir à la fois à l'extraction des minerais asphaltiques ou des lignites, et à l'écoulement des eaux.

§ V.

DE LA FABRICATION DES PRODUITS ASPHALTIQUES ET BITUMINEUX.

BITUME MALTHE.

(*Pétrole.*)

62. Le sable bitumineux extrait est conduit aux ateliers de fabrication ; on en jette 75 à 80 kilogrammes dans des chaudières de fonte de la contenance de cent soixante litres environ, à moitié remplies d'eau portée à l'ébullition, que l'on soutient assez longtemps pour dégager entière-

ment et par une seule opération, le sable de tout le bitume qu'il contenait. Plus léger naturellement que l'eau (son poids spécifique est de 0, 854), et devenu liquide par la chaleur, le bitume s'en sépare. Il vient nager à la surface de l'eau, en entraînant le malthe avec lui. On le brasse, on l'agite presque continuellement, afin de faciliter la séparation et l'entier dégagement du bitume qui passe à l'état de malthe, et s'épaissit assez pour qu'on puisse facilement l'enlever en écume à l'aide d'écumoires en fer. Après trois heures d'ébullition, le sable ne dégageant plus sensiblement de matières bitumineuses, on le retire de la chaudière pour le remplacer par une égale quantité de nouveau sable que l'on traite de la même manière.

63. Chaque fourneau occupe deux ouvriers qui peuvent conduire à la fois les opérations de six chaudières. Ils emploient trois mille six cents à quatre mille kilogrammes de minerai bitumineux par vingt-quatre heures, et ils extraient, suivant la richesse du minerai, de 200 à 220 kilogrammes de malthe bitumineux, et quelquefois davantage.

64. Le bitume obtenu retient encore une assez grande quantité d'eau, de sable et de matières terreuses. Pour le purifier, on le porte dans une

grande chaudière de fonte d'une capacité de quatre mille litres, qu'on chauffe assez fortement pour vaporiser l'eau que contient encore le bitume. Les matières terreuses se déposent au fond, et l'on décante le bitume malthe épuré. Six cents kilogrammes de bitume brut, chargés à la fois et traités de cette manière, produisent trois cent cinquante à quatre cents kilogrammes de malthe raffiné, en général plus de la moitié, et souvent les deux tiers de la quantité mise dans la chaudière. L'opération du raffinage occupe un ouvrier pendant trente-six heures.

État et caractères du malthe, goudron minéral.

65. Le malthe est opaque, de couleur noire ou brune très-foncée; à la température ordinaire il est très-consistant; au-dessous, il est dur : il est susceptible de s'amollir aux rayons du soleil; en le chauffant, il devient mou, flexible, et assez fluide pour pouvoir s'étendre à volonté.

Fabrication du mastic ou bitume commun asphaltique.

66. Le mastic ou bitume asphaltique est composé de bitume malthe épuré dans la proportion

d'un sixième environ, pour cinq de roche calcaire asphaltique desséchée et réduite en poudre
et soigneusement tamisée. Ce mélange se fait dans
une grande chaudière servie par deux ouvriers,
et chauffée pendant plusieurs heures à une température assez élevée. Lorsque le mélange est ter-
miné, le mastic a la consistance d'un mortier
épais; alors on le retire de la chaudière et on
le coule en pains ou en plaques, savoir : 1° pour
les pains, dans des moules de 0^m, 48 à 0^m, 50
de longueur, sur 0^m, 30^c à 0^m, 35^c de largeur, et
0^m, 10^c environ de hauteur, produisant des pains
de mastic du poids de 30 à 35 kilogrammes; et
2° pour les plaques, sur du papier, dans des
châssis de fer d'un mètre de longueur sur 0^m, 50^c
de largeur, et d'un centimètre environ d'épaisseur. Ces plaques pèsent de 9 à 10 kilogrammes.

67. Les quantités fabriquées ont été les années
dernières : 1° de 100 à 150,000 kilogrammes de
bitume malthe; et 2° de 350 à 400,000 kilogrammes de mastic asphaltique, tant en blocs qu'en
plaques. La moitié de ces produits a été exportée
pour la Belgique, la Hollande, la Prusse, la Ba-
vière, l'Autriche et tous les États de l'Allemagne.

§ VI.

SUCCÈS

DE L'EXPLOITATION ET DES PRODUITS
DE LA MINE DE LOBSANN.

68. Tel a été jusqu'à ces derniers temps l'état de la mine et de la fabrication des produits de la mine d'asphalte de Lobsann, employés avec le plus grand succès : 1° comme enduit sur le bois, le fer, la pierre, les cordages, les toiles, le papier, etc.; 2° pour garantir de l'humidité tous les corps qu'on en recouvre, et spécialement les couvertures des bâtiments en terrasse, les platelages des ponts, les chapes des voûtes, le rejointement de dalles, pierres et briques, l'enduit des conduites, pièces d'eau, bassins, citernes, la confection des mosaïques, etc.; et 3° à la construction des dallages pour trottoirs, pavement des rues, cours, jardins, corridors, appartements à rez-de-chaussée, ateliers, magasins, caves, écuries, granges et autres travaux analogues.

69. Les expériences faites en 1820 et 1821 par

ordre du gouvernement français, et dans divers États de l'Allemagne, ont mérité à MM. Dournay les rapports les plus favorables des commissions nommées pour les suivre et en constater les résultats. D'importants travaux exécutés par leurs soins pour le compte des administrations civiles et militaires, à Strasbourg, Nancy, Metz, Hagueneau, Sarre-Louis et Mulhouse; à Manheim, à Carlsruhe, Mayence, etc., ont confirmé depuis, ainsi que le constatent les nombreux procès-verbaux et attestations qui leur ont été délivrés, que les produits asphaltiques de leurs mines de Lobsann réunissent toutes les qualités des meilleures substances de même nature, connues jusqu'à ce jour.

70. Les médailles de bronze et d'argent accordées en 1823, 1824, 1827 et 1837, à MM. Dournay frères, par le Jury central des expositions de l'industrie et par la Société d'encouragement, sont les témoignages les plus convaincants de la supériorité de leurs produits, et de la bonne confection des ouvrages divers et multipliés exécutés avec leurs asphaltes, employés aujourd'hui dans tous les travaux publics concurremment avec ceux des autres mines.

§ VII.

FORMATION PAR MM. DOURNAY,

D'UNE SOCIÉTÉ EN COMMANDITE,

pour donner à l'exploitation de la Mine de Lobsann toute l'extension dont elle est susceptible.

71. D'après le succès toujours croissant des produits bitumineux et asphaltiques constatés par l'expérience, et leur consommation augmentant de jour en jour, d'une manière qui ne permet pas d'en calculer l'extension, des demandes leur arrivant de toute part de France et de l'étranger, MM. Dournay, pour donner à leur industrie tout l'essor que l'esprit d'association peut seul procurer, ont formé une Société en commandite pour l'exploitation des mines de Lobsann, et pour l'exploitation en grand de leurs produits, tant à Paris que dans les départements et à l'étranger. Ladite Société s'est constituée pour cinquante années, le 10 mars 1838, à dater du 1er janvier, par acte passé devant Me Casimir Noël, notaire, rue de la Paix, n° 13, à Paris, avec un capital

de 1,200,000 fr., divisé en 1,200 actions de mille francs chacune ; chaque action donnant droit à 5 pour cent d'intérêts par an, prélevés sur les bénéfices nets de l'entreprise, et à un douze centième dans toutes les valeurs mobilières et immobilières de la Société ; les actionnaires, en cas de perte, n'étant engagés que pour le montant de la valeur de leurs actions.

72. Les notes et renseignements laissés par M. Rosentritt, premier propriétaire des mines de Lobsann, ses recherches multipliées et celles de MM. Dournay ont fait connaître de nombreux affleurements tant de minerais asphaltiques et bitumineux, que de lignites, dans l'étendue des deux concessions, que l'on a vu (36) être de 59 kil. 72 hect. 11 ares (plus de trois lieues carrées).

73. Ainsi 1° entre le moulin des Sept fontaines et la mine ; 2° dans les cantons de Kreften et d'Eben heid, de la forêt communale de Sultz ; 3° dans la vallée de l'Ilse ; 4° dans celle de la Winzelbach ; 5° dans les villages de Birlenbach et de Drackenbronn ; 6° aux environs de Cléebourg, etc., etc., on a reconnu de nombreux affleurements de minerais asphaltiques et bitumineux.

74. Les sondages exécutés dans l'Ebenheid ont donné les indices certains de l'existence de nou

velles couches asphaltiques puissantes et très-riches.

75. Ainsi donc, partout et sur tous les points de cette vaste concession, on peut, dès ce moment, ouvrir de nouvelles exploitations, de nombreux ateliers de fabrication. Les ruisseaux, en descendant des montagnes, présentent de belles chutes d'eau, sur lesquelles on peut construire des moulins broyeurs et des bocards pulvérisateurs. Les lignites accompagnant généralement et constamment les roches asphaltiques et bitumineuses, procureront partout le chauffage des ateliers de fonderies et de fabrication qui seront successivement établis sur tous les points.

76. Au reste, des expériences faites récemment ont prouvé qu'on pourra encore employer avec avantage, dans la fabrication des mastics, le calcaire gris (42, n° 2) et les calcaires qui se trouvent dans les couches de lignites (42, n° 4, et 47), qui avaient été négligés jusqu'à ce jour, comme trop peu productifs, et dont les analyses faites depuis peu ont fait reconnaître la richesse et tous les avantages qu'on pourrait en retirer. L'exploitation de ces calcaires sera même d'autant plus favorable, qu'ils sont bien moins durs que les roches asphaltiques, qu'ils se broient plus vite et plus facile-

ment, enfin que, tout en les extrayant, on pourra exploiter simultanément plusieurs filons de lignites qui ont été négligés, et se procurer ainsi une immense quantité de combustible qui payera une grande partie des frais.

———

RÉSUMÉ.

De tous les détails qui viennent d'être exposés sur le gisement, la constitution physique, la nature, la puissance et la richesse des mines d'asphalte et bitume de Lobsann, il n'est personne qui ne conclue, qu'il est difficile, qu'il est impossible de voir une mine plus favorisée par la nature, une mine qui présente autant d'éléments, autant de chances, autant de garanties de succès.

En effet, tout est ici réuni, et aussi bien réuni que pourraient le faire les meilleures et les plus savantes combinaisons.

Ainsi, on trouve une concession vaste, étendue, percée de grandes routes et placée sur le bord d'un grand fleuve qui lui assure toute l'année des débouchés, des moyens de transport prompts, faciles et peu dispendieux.

4

Ainsi, le calcaire asphaltique, répandu dans toute l'étendue de la concession, est en grande quantité, et même dans une telle quantité, qu'on peut le dire inépuisable.

Ainsi, le bitume malthe ou goudron minéral est en masses non moins abondantes que le calcaire asphaltique, et, comme ce calcaire, il est en masses exploitables sur tous les points de la concession, qui partout en présentent de riches et nombreux affleurements.

Ainsi, les lignites, en couches puissantes, accompagnant constamment les roches asphaltiques et les sables ou grès bitumineux, dans toute l'étendue de la concession, donnent un combustible énergique et abondant, par une exploitation facile et peu dispendieuse, sans frais de transport, et sur tous les points où seront successivement construits des ateliers de fabrication.

Ainsi, la situation de l'établissement, au centre des belles forêts communales de Sultz et de Lobsann, lui assure l'approvisionnement facile et constant de tous les bois nécessaires pour ses constructions et ses travaux d'exploitation.

Ainsi donc, tout est réuni, réellement réuni par la nature, pour garantir le succès de la mine de Lobsann.

Aussi, et avec un tel concours de circonstances, et de circonstances naturelles, toujours constantes, invariables et à l'abri des événements, puisqu'elles sont fondées sur la mine asphaltique, bitumineuse et lignitique la plus riche et la plus puissante, la Société de Lobsann pouvant, chaque année, tripler et quadrupler son exploitation, et porter, suivant les demandes, la fabrication de ses produits à des millions de myriagrammes, la Société de Lobsann est assurée d'un avenir immense, d'un avenir solide, brillant, et l'on ne craint pas même de dire sans limites déterminables.

Paris, le 30 avril 1838.

LE Vᵗᵉ HÉRICART DE THURY.

DESCRIPTION DES PLANCHES.

Pl. I.   Carte de l'extrémité septentrionale de la chaîne des
Vosges, entre Bitche, Weissembourg, Lauterbourg
et Haguenau, pour la description géologique et minéralogique de la mine d'asphalte, bitume et lignites
de Lobsann.

Pl. II.   Coupe géologique de la chaîne des Vosges de l'ouest
à l'est, en suivant les lignes brisées A C D E F B,
ou la route de Metz au Rhin par Bitche, Niederbronn, Sultz et Seltz, pour faire voir le gisement
des roches asphaltiques, grès bitumineux et lignites
de sable, sur les calcaires du muschelkalk qui recouvrent les grès bigarrés et le grès vosgien.

Pl. III. Profil ou coupe géologique de la mine d'asphalte, bitume et lignites de Lobsann, avec l'indication de la
nature des masses et le détail des diverses substances
minérales de chacune de leurs couches.

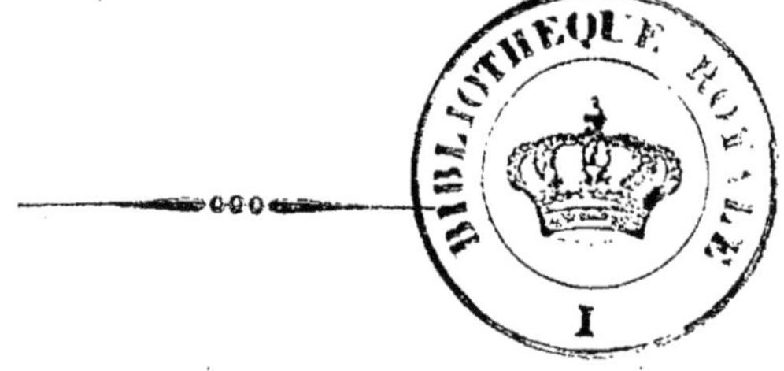

TABLE DES MATIÈRES.

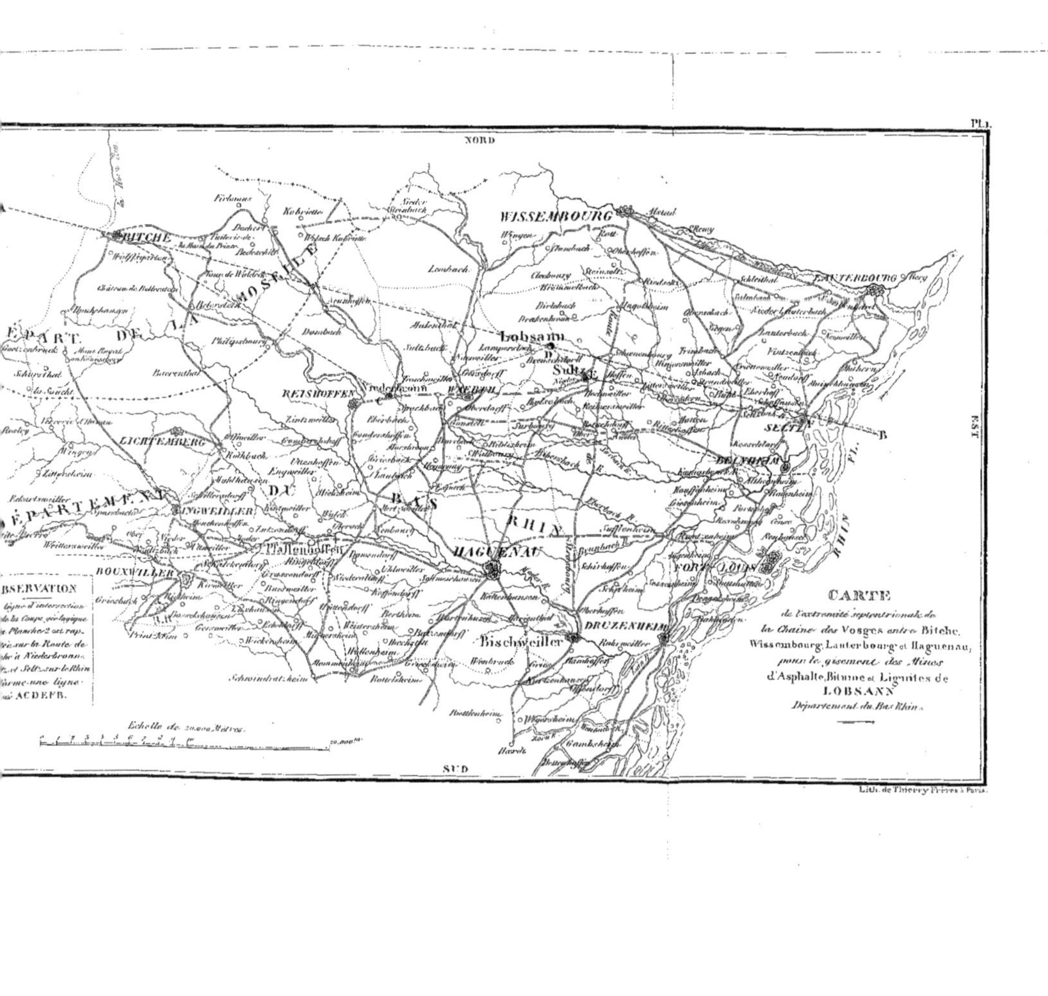

PL. 1.
NORD
SUD
EST
BITCHE
WISSEMBOURG
LAUTERBOURG
ÉPART. DE LA MOSELLE
DÉPARTEMENT DU BAS RHIN
LICHTEMBERG
REISHOFFEN
Niederbronn
WOERTH
Lobsann
Sultz
SELTZ
BEINHEIM
INGWEILLER
BOUXWILLER
Pfaffenhoffen
HAGUENAU
FORT LOUIS
Bischweiller
DRUZENHEIM
OBSERVATION
Échelle de 20,000 Mètres.
CARTE
de l'extrémité septentrionale de
la Chaîne des Vosges entre Bitche,
Wissembourg, Lauterbourg et Haguenau,
pour le gisement des Mines
d'Asphalte, Bitume et Lignites de
LOBSANN
Département du Bas Rhin.
Lith. de Thierry Frères à Paris.

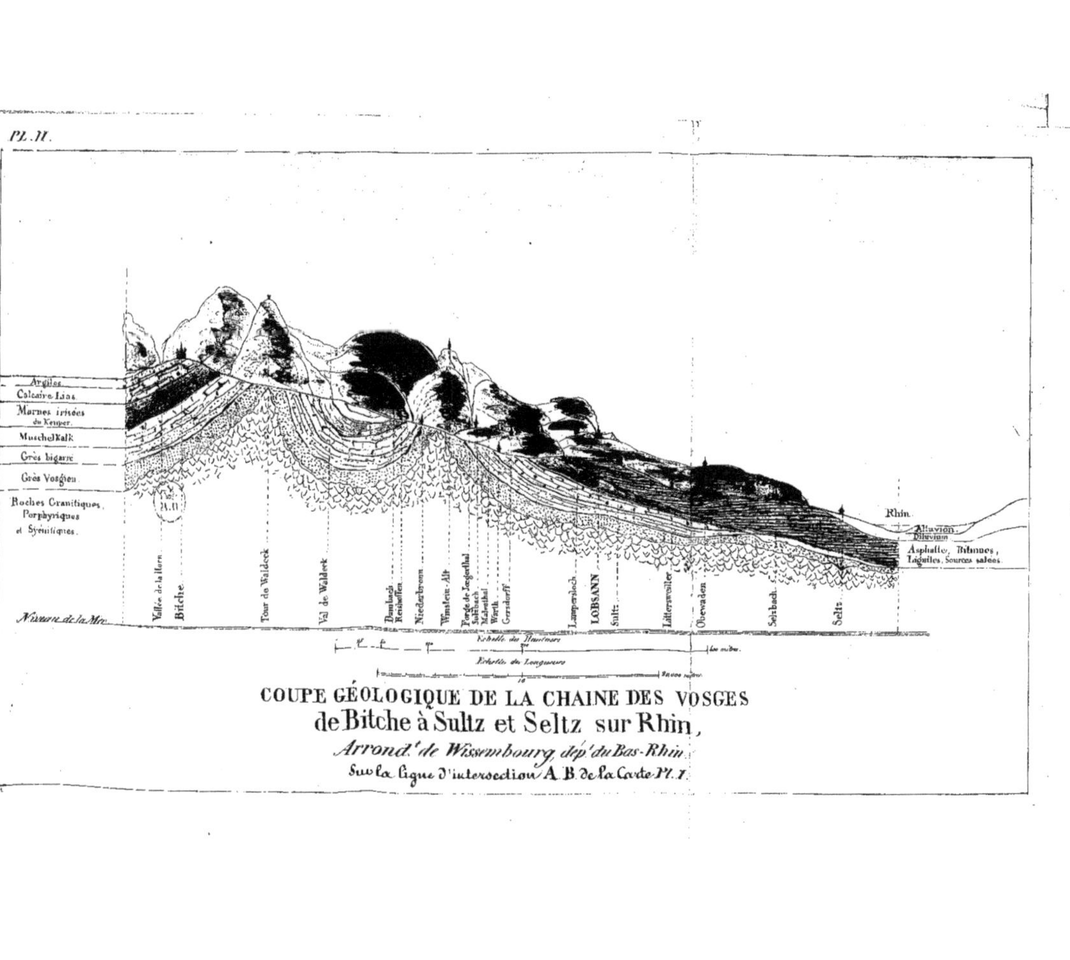

COUPE GÉOLOGIQUE DE LA CHAINE DES VOSGES
de Bitche à Sultz et Seltz sur Rhin,
Arrond.' de Wissembourg, dép' du Bas-Rhin,
Sur la ligne d'intersection A. B. de la Carte Pl. I.

COUPE GÉOLOGIQUE
de la Mine d'Asphalte, Bitume et Lignites
DE LOBSANN, DÉPᵗ DU BAS-RHIN.

Ordre des Masses.	Épaisseur des Masses	Nature des Masses.	Numéros des Couches.	Épaisseur des Couches.	Stratification des Couches de Calcaire Asphaltique, Lignites et Bitume.	Désignation des Couches.	Nappes d'Eau.
I	de 5 à 10 mètres	Argiles marno-sableuses et ferrugineuses. Mine de fer exploitée à ciel ouvert et par Galeries.	1	1ᵐ		Terre végétale argileuse	
			2	2		Argiles grises et brunes, sableuses.	I
			3	1		Argile compacte avec cristaux de gypse.	
			4	2		Marne argilo-sableuse.	II
			5	1		Argile marneuse, avec cristaux de gypse.	
			6	2		Fer oxidé hydraté limoneux, oxide rouge et jaune	
			7	1		Marne argilo-sableuse	III
II	de 8 à 10 mètres	Calcaire tertiaire asphaltique avec lignites bitumineux.	8	2		Calcaire brun asphaltique.	
			9	3		Calcaire gris asphaltique.	
			10	1		Calcaire marneux fétide.	
			11	2		Lignites bitumineux	
			12	1		Calcaire gris bitumineux graveleux.	IV
III	de 6 à 8 mètres	Bitume, sables argileux ou Grès molasses bitumineux, Naphte, Petrole et Poudingue silicieux	13	1		Argile marneuse et bitumineuse.	
			14	1		Sables argileux bitumineux.	V
			15	2		Sable gris bitumineux.	
			16	1		Bitume sableux.	
			17	2		Grès argilo-bitumineux.	
			18	1		Gravier poudingue bitumineux.	VI
IV	de 40, 50, 60, 80 mètres	Grande masse d'argile marneuse et bitumineuse d'une épaisseur indéterminée et reconnue à 20 mètres par un sondage?	19	1		Argiles marneuses.	
			20	2		Marnes argilo-calcaires, grises bitumineuses.	
			21	1		Argiles noires.	
			22	1		Marnes fétides.	
			23	2		Marnes argilo-bitumineuses.